T/CAGHP 061—2019

目 次

前言 … Ⅲ
引言 … Ⅴ
1 范围 … 1
2 规范性引用文件 … 1
3 术语和定义 … 2
4 基本规定 … 3
5 施工准备 … 3
  5.1 一般规定 … 3
  5.2 测量定位 … 4
  5.3 施工机械与材料准备 … 4
6 通用工程 … 4
  6.1 土石方工程 … 4
  6.2 砌体工程 … 5
  6.3 混凝土工程 … 6
  6.4 临时导流工程 … 7
  6.5 变形缝施工 … 7
  6.6 耐磨层施工 … 8
7 排导和防护工程 … 8
  7.1 一般规定 … 8
  7.2 堤(槽)工程 … 8
  7.3 铺底工程 … 8
8 拦挡工程 … 9
  8.1 一般规定 … 9
  8.2 坝基、坝肩开挖施工 … 9
  8.3 坝体施工 … 10
9 固源工程 … 10
  9.1 固床工程 … 10
  9.2 挡渣工程 … 10
10 停淤工程 … 11
  10.1 停淤场工程 … 11
  10.2 清淤施工 … 12
11 施工监测 … 12
  11.1 一般规定 … 12
  11.2 监测内容 … 12
  11.3 临灾预警与应急处置 … 13

12 施工安全与环境保护	13
12.1 施工安全	13
12.2 环境保护	13
13 工程质量检查与验收	13
13.1 一般规定	13
13.2 工程质量检查与评定	14
13.3 工程验收	17
附录 A（资料性附录） 分项工程质量检验通用表	19
附录 B（资料性附录） 工程质量保证资料检查评定表	20
附录 C（资料性附录） 竣工报告编写大纲	21

前　言

本规范按照 GB/T 1.1—2009《标准化工作导则　第 1 部分：标准的结构和编写》给出的规则起草。

本规范附录 A、B、C 均为资料性附录。

本规范由中国地质灾害防治工程行业协会提出并归口。

本规范起草单位：四川省地质工程勘察院、中铁西南科学研究院有限公司、甘肃省地质环境监测院、四川省地矿局九一五水文地质工程地质队、成都兴蜀勘察基础工程公司、重庆蜀通岩土工程有限公司。

本规范主要起草人：袁磊、钱江澎、吕建祥、胡孝荣、刘鹏慧、郭毅、刘俊龙、魏新平、朱孝俊、黄颉、乐建、陈致全、李俊飞。

本规范由中国地质灾害防治工程行业协会负责解释。

引 言

为了规范泥石流防治工程施工过程，保证施工质量和结构安全，特制定本规范。

本规范在研究国内外相关工程施工技术标准规范和较为成熟的方法技术基础上，结合泥石流防治工程特点，充分吸收了西南泥石流高发地区（特别是汶川地震区）以及全国其他地区泥石流灾害防治工程施工经验编写而成。

泥石流防治工程施工技术规范(试行)

1 范围

本规范规定了泥石流灾害防治工程中拦挡、排导、固源、停淤等专用工程措施的主要施工方法和基本技术要求。当设计文件对泥石流治理工程施工有专门要求时,应按设计文件执行。泥石流防治工程中的桥涵、隧洞、水渠、边坡防护、地基处理以及生态防护等工程应按相应技术标准施工。

本规范适用于因自然因素引发的泥石流灾害防治工程,由人为因素引发的泥石流灾害防治工程可参照本规范。

建筑、交通、水利水电、矿山等行业中泥石流灾害防治工程施工还应符合相关行业技术标准要求。

湿陷性黄土、冻土、膨胀土和其他特殊性岩土以及侵蚀环境下的泥石流防治工程施工,应符合国家及行业现行相关技术标准。

泥石流灾害应急抢险防治工程的施工可参照本规范执行。

2 规范性引用文件

下列文件对于本规范的应用是必不可少的。凡是注明日期的引用规范,仅所注日期的版本适用于本规范。凡是不注明日期的引用规范,其最新版本(包括所有的修改单)适用于本规范。

GB 14902　预拌混凝土
GB 50119　混凝土外加剂应用技术规范
GB 50026　工程测量规范
GB 50086　岩土锚杆与喷射混凝土支护工程技术规范
GB 50107　混凝土强度检验评定标准
GB 50201　土方与爆破工程施工及验收规范
GB 50202　建筑地基基础工程施工质量验收规范
GB 50203　砌体结构工程施工质量验收规范
GB 50204　混凝土结构工程施工质量验收规范
GB 50300　建筑工程施工质量验收统一标准
GB 50367　混凝土结构加固设计规范
GB 50496　大体积混凝土施工规范
GB 50666　混凝土结构工程施工规范
GB 50924　砌体结构工程施工规范
GB/T 9142　混凝土搅拌机
GB/T 18337.3　生态公益林建设技术规程
JGJ 18　钢筋焊接及验收规程
JGJ 33　建筑机械使用安全技术规程

JGJ 46　施工现场临时用电安全技术规范
DL/T 5129　碾压式土石坝施工规范
DZ/T 0221　崩塌、滑坡、泥石流监测规范
DZ/T 0222　地质灾害防治工程监理规范
JGJ/T 180　建筑施工土石方工程安全技术规范
SL 260　堤防工程施工规范
SL 399　水利水电工程土建施工安全技术规程
T/CAGHP 006—2018　泥石流灾害防治工程勘查规范（试行）
T/CAGHP 021—2018　泥石流防治工程设计规范（试行）
T/CAGHP 020—2018　地质灾害治理工程施工组织设计规范（试行）

3　术语和定义

下列术语和定义适用于本规范。

3.1
拦砂坝 check dam

在泥石流形成区或形成流通区，以拦蓄泥石流固体物质为主要目的，兼有调节洪峰流量、调控泥石流规模与重度等功能的大中型拦蓄工程。常用坝型有实体重力坝和格栅坝。

3.2
谷坊坝 check dam

在泥石流形成区控制沟床侵蚀，保持沟道及岸坡稳定的小型拦砂坝，高度一般低于 5 m。

3.3
排导槽 drainage canal

由人工开挖、填筑过流断面或利用自然沟道砌筑具有规则平面形状和横断面的一种开敞式槽形过流建筑物。

3.4
停淤场 sediment storage field

在泥石流运动线路上，利用宽阔洼地或平缓地带停蓄泥石流的工程。

3.5
防护堤 embankment

在泥石流流通区及堆积区顺流向布置，改变泥石流运移线路，防止泥石流冲毁或掩埋保护对象的线型墙类工程。

3.6
土石比 soil-stone ratio

土和碎块石的比例。

3.7
坡比 slope ratio

开挖或填筑坡面的垂直高度和水平距离之比，也称坡度或坡率。

3.8
伸缩缝 expansion joint

为减轻材料胀缩变形对建筑物的影响而在建筑物中预先设置的间隙。

3.9

沉降缝 settlement joint

为防止防治工程由于地基不均匀沉降引起破坏所设置的垂直缝。

3.10

耐磨层 wear-resisting layer

位于防治工程表面，起到抗冲刷（侵蚀）作用的结构层。

3.11

度汛方案 flood prevention plan

为消除或减轻主汛期可能发生的山洪泥石流对施工场地及构筑物造成的危害而编制的相应防护措施的实施方案。

4 基本规定

4.1 泥石流治理工程施工前，必须具备详细勘察资料和施工图设计文件。

4.2 施工前应进行现场踏勘，搜集水文气象等相关资料，了解现场施工条件，熟悉施工图纸。

4.3 开工前项目建设单位和监理单位应组织勘察、设计、施工等相关单位进行设计技术交底和图纸会审，并形成记录。施工单位应了解设计意图，对设计文件提出质询；设计单位应提出施工技术要求、质量控制难点及施工注意事项并解答施工疑问。

4.4 施工单位应编制施工组织设计，针对施工质量控制的重点及难点，制订详细的施工质量保证措施，确保施工质量符合设计和验收要求。施工过程应积极采用和推广绿色施工技术以及新工艺、新材料、新设备，实现节能、节地、节水、节材和环境保护。

4.5 施工单位应对测量基准点进行复核，精度不低于相关要求，工程施工轴线控制点和高程水准基点应妥善保护，并定期复测。重点单项工程施工轴线的现场复核应由设计单位参加确认。

4.6 施工过程中应开展施工地质编录工作，记录及追踪施工过程中的地质条件变化情况。对治理工程有重要影响的地质现象应进行专项描述、记录及拍照，并应按照信息法施工要求，将施工地质情况及时反馈给勘察单位、设计单位，根据施工地质变化情况由设计单位做出设计变更。

4.7 工程所使用原材料、成品、半成品和构配件等的质量要求，应符合国家现行标准和设计的规定。

4.8 工期安排应避开主汛期，确因需要在主汛期施工应编制专项度汛方案。高寒地区施工还应视施工区融雪条件确定是否编制度汛方案。

4.9 施工单位应根据施工现场安全生产条件和环境危险源编制专项安全方案，并对相关施工人员进行安全交底与培训，宜进行救援及疏散演练。

4.10 施工临时用电应符合《施工现场临时用电安全技术规范》(JGJ 46)的规定；施工机械操作应符合《建筑机械使用安全技术规程》(JGJ 33)的规定；特种作业人员需持证上岗。

4.11 施工过程中，应加强施工过程质量控制、隐蔽工程的检查和验收，做好各项施工记录。

4.12 施工中应妥善处置施工弃渣，减少环境破坏，转渣临时堆放不应产生二次危害。

4.13 工程完工后应及时对完工构筑物进行竣工测量，编制竣工图及竣工报告。

5 施工准备

5.1 一般规定

5.1.1 应充分考虑工程场地条件及工程施工特点编制施工组织设计，主要应包含以下内容：

a) 工程概况。
b) 施工准备。
c) 施工总平面布置。
d) 主要施工工艺方法。
e) 施工监测。
f) 施工组织及资源配置。
g) 施工设备及材料。

5.1.2 施工人员生活区、主要材料堆放区及重要机具设备摆放区等施工重要场地应布置在不受崩塌、滑坡、泥石流及山洪等灾害威胁的区域内,确实无法避让的应做好相应防护措施。

5.1.3 临时施工便道翻越已修建坝体时宜设置翻坝路,筑路材料宜就地取材,路面最大纵坡不宜大于15%,宽度不宜小于3.5 m,完工后宜拆除翻坝路。

5.1.4 施工临时占地应节约用地,不占或少占耕地,施工完成后应恢复土地原貌,因施工污染的土壤要按相关要求进行处置。

5.1.5 施工人员数量、专业配置以及施工机械数量和型号选择应满足工程工期、质量、安全、环境的要求,施工交通线路设计在满足施工高峰期运输量需求的情况下,宜优化设计,避免重复改线、改建导致不必要的松土弃渣、成本增加和工期延误。根据设计要求需进行现场试验的项目,应按相关要求进行,并向设计单位反馈试验成果。

5.2 测量定位

5.2.1 测量人员应熟悉施工图纸,编制测量放线图,制订测量放线方案。测量放线仪器应在校验合格期内,精度满足要求。施工期间应定期复核测量基准点和工程控制点。

5.2.2 应根据工程设计,依据测量基准点建立工程测量控制网,每个工程区的测量控制点不应少于3个,控制网与基准点设置应符合《工程测量规范》(GB 50026)的相关规定。

5.2.3 施工轴线控制点应埋设标石,并定期检查维护。根据施工进度需要及时复核和恢复,轴线平面位置允许误差在±30 mm范围内。

5.2.4 构筑物基底开挖过程中应及时进行高程测量,避免超挖或欠挖影响地基。实际基底标高与设计标高允许误差在±50 mm范围内。

5.3 施工机械与材料准备

5.3.1 各类施工用机械、设备应及时检修和保养,重要施工环节宜备用至少一台(套)设备,确保正常施工。施工机械操作应符合《建筑机械使用安全技术规程》(JGJ 33)的相关规定。

5.3.2 特种机械、设备应由取得相应上岗资格证的专业人员操作。

5.3.3 根据工程施工进度及场地条件及时组织相应数量的材料进场,每一批次材料均应按相关规范要求取样送检。检验合格后方可使用。

5.3.4 材料进场后,应按种类、规格、批次分开储存与堆放,并应标识明晰。储存与堆放条件不应影响材料品质。

6 通用工程

6.1 土石方工程

6.1.1 土石方施工应符合《土方与爆破工程施工及验收规范》(GB 50201)的要求。

6.1.2 土石方开挖应严格按照设计坡比开挖,每开挖2 m应对坡比和基底标高进行一次复核,土石方施工宜采用方格网法或三维测量数值计算法对开挖量或填筑量进行测算。

6.1.3 边坡整体稳定的条件下开挖土质临时边坡时,其坡比应根据工程地质条件和开挖边坡高度,并结合当地同类土体的稳定坡比确定,也可根据表1所列经验值确定开挖坡比。

6.1.4 土石方开挖中遇大孤石或坚硬岩石需要采取爆破施工清除的,应符合相关规范要求。

6.1.5 开挖中应详细记录土石比,若与勘察资料对比相差较大,应及时反馈给勘察单位、设计单位。

6.1.6 按设计要求开挖或填筑边坡时如出现变形趋势或特征,应立即停止施工,及时采取相应防护措施,避免产生危害,并立即报告监理单位、勘察单位及设计单位。

6.1.7 土石方回填应按设计要求分层夯实。

6.1.8 妥善处理施工堆渣,严禁在沟道急弯、卡口、跌水等易堵塞行洪区域堆放材料及渣土。

表1 临时性开挖土质边坡坡比经验值

土体类别	状态	坡率允许值(高宽比)	
		坡高小于5 m	坡高5 m～10 m
碎石土	密实	1:0.35～1:0.50	1:0.50～1:0.75
	中密	1:0.50～1:0.75	1:0.75～1:1.00
	稍密	1:0.75～1:1.00	1:1.00～1:1.25
黏性土	坚硬	1:0.75～1:1.00	1:1.00～1:1.25
	硬塑	1:1.00～1:1.25	1:1.25～1:1.50

注1:表中碎石土的充填物为坚硬或硬塑状态的黏性土。
注2:对于砂土回填或者充填物为砂石的碎石土,其边坡坡率允许值应按照自然休止角确定。

6.2 砌体工程

6.2.1 砌体工程应符合《砌体结构工程施工规范》(GB 50924)的要求。

6.2.2 砌体所用石料应无风化剥落和裂纹,表面新鲜、洁净;砌筑材料应按要求取样送检,检测合格后方可使用。

6.2.3 砌筑用毛石应呈块状,无细长扁薄和尖锥,其中部厚度不宜小于150 mm;砌筑用料石的宽度、厚度均不宜小于200 mm,长度不宜大于厚度的4倍;严禁采用卵石砌筑。

6.2.4 砂浆应严格按配合比配料拌制,当砂料或水泥采购地发生变化时应重新送检确定配合比。

6.2.5 砌体工程基底验槽合格后,方可进行砌体施工。砌体应采用铺浆法砌筑,砂浆应饱满,叠砌面的粘灰面积应大于80%。

6.2.6 砌筑时石料应分层错缝,台阶转折处不得做成垂直通缝。

6.2.7 当地基条件与勘察设计图纸不符时,应反馈给设计单位据实调整沉降缝的施工位置。

6.2.8 砌体顶面应根据设计图纸采用砂浆抹面,抹面砂浆标号应满足设计要求。

6.2.9 宜采用标志板(杆)或皮数杆及板(杆)间架线的方法控制砌体结构尺寸,控制间距不宜大于15 m。

6.2.10 采用钢筋笼块(片)石干砌砌体结构时,应满足以下要求:
   a) 钢筋搭接点均应采用焊接连接,焊接应符合《钢筋焊接及验收规程》(JGJ 18)的要求。

b) 钢筋间距误差不应超过±20 mm,单个钢筋笼外形尺寸误差不应超过±50 mm。
c) 钢筋笼内块(片)石宜采用机械和人工相结合的方式紧密码砌,砌体顶面应选用形状适宜的块(片)石找平。
d) 钢筋笼应横向、纵向交错逐层施工,摆放应紧密,间隙不应大于20 mm。
e) 砌体面需进行喷射混凝土封闭时,喷射混凝土施工应符合《岩土锚杆与喷射混凝土支护工程技术规范》(GB 50086)的要求。

6.2.11 石砌体应按设计要求勾缝,设计未要求时宜勾平缝。勾缝应符合下列规定:
a) 勾平缝时,应将灰缝嵌塞密实,缝面应与石面相平,并应把缝面压平溜光。
b) 勾凸缝时,应先用砂浆将灰缝补平,待初凝后再抹第二层砂浆,压实后应将其捋成宽度为40 mm的凸缝。
c) 勾凹缝时,应将灰缝嵌塞密实,缝面宜比石面深10 mm,并把缝面压平溜光。

6.3 混凝土工程

6.3.1 混凝土工程应符合《混凝土结构工程施工规范》(GB 50666)的要求。

6.3.2 混凝土结构施工宜采用预拌混凝土。

6.3.3 混凝土的制备应符合下列规定:
a) 预拌混凝土应符合现行国家标准《预拌混凝土》(GB 14902)的有关规定。
b) 现场搅拌混凝土宜采用具有自动计量装置的设备集中搅拌。
c) 不具备本条 a)、b)条款规定的条件时,应采用符合现行国家标准《混凝土搅拌机》(GB/T 9142)的搅拌机进行搅拌,并应配备计量装置。
d) 应严格按配合比配制,当骨料或水泥采购地发生变化时应重新送检确定配合比。

6.3.4 混凝土最大供应能力应满足最大单体混凝土连续浇筑施工的需要。

6.3.5 模板及支架应根据施工过程中的各种工况进行设计,应具有足够的承载力和刚度,并应保证其整体稳固性。

6.3.6 模板应保证结构设计形状、尺寸及位置准确,并便于拆卸,模板接缝应严密,不得漏浆、错台。

6.3.7 接触混凝土的模板表面应平整,并具有良好的耐磨性和硬度;模板脱模剂应涂刷均匀。

6.3.8 模板安装后应检查预留洞口及预埋件位置,符合设计要求后,方可进行下一步工序。

6.3.9 当混凝土的强度能保证表面及棱角不受损伤时方可拆除模板,宜采取先支的后拆、后支的先拆,先拆非承重模板、后拆承重模板的顺序,并应从上而下进行拆除。

6.3.10 为了节约工期和施工场地,减少成型钢筋形状误差,钢筋工程宜采用专业化生产的成型钢筋。

6.3.11 施工过程中应采取防止钢筋混淆、锈蚀或损伤的措施。

6.3.12 钢筋应按照设计要求进行制作与安装,钢筋保护层厚度应满足设计要求,垫块尺寸不应出现负误差。

6.3.13 当需要进行钢筋代换时,应严格执行设计变更程序。

6.3.14 混凝土浇筑应一次性分层连续浇筑,上层混凝土应在下层混凝土初凝之前浇筑完毕。

6.3.15 混凝土振捣应能使模板内各个部位混凝土密实、均匀,不应漏振、欠振、过振。

6.3.16 混凝土浇筑过程中,应取样做混凝土试块,每班、每百立方米或每搅百盘取样应不少于一组,不足百立方米时,每班取样不少于一组。

6.3.17 混凝土入模温度不应低于5 ℃,且不应高于35 ℃。确因工期需要,工程越冬施工、高温施工时应采取温控措施,保证混凝土施工质量。

6.3.18 雨季和降雨期间,应按雨期施工要求采取措施。

6.3.19 混凝土供应宜优先考虑商品混凝土,当混凝土生产及运输条件不能满足要求时可采用现场拌制。

6.3.20 混凝土的养护应符合下列规定:
   a) 混凝土浇筑后应及时进行保湿养护,应保证混凝土表面处于湿润状态,当日最低温度低于 5 ℃时,不应采用洒水养护。
   b) 采用硅酸盐水泥、普通硅酸盐水泥或矿渣硅酸盐水泥配制的混凝土养护时间不应少于 7 d;其他品种水泥配制的混凝土养护时间根据其性能确定;掺入外加剂的混凝土养护时间不应少于 14 d。

6.3.21 毛石混凝土中毛石掺入量应满足设计要求,设计未作具体规定时毛石掺入量应小于 25 %,毛石最大边长应小于所浇部位最小宽度的 1/3。毛石与毛石不能直接接触形成堆砌,必须要填充混凝土,间距应大于 15 cm。毛石应选用坚实、未风化、无裂缝洁净的石料,强度等级不低于 MU20。

6.3.22 新老混凝土间连接应采用后植筋加固技术,植筋间距、直径、锚固深度按设计要求施工,设计无具体要求时可参照《混凝土结构加固设计规范》(GB 50367)执行,植筋钻孔直径参照表2。

表 2 钻孔直径与钢筋直径对应值关系表

钢筋直径/mm	10	12	14	16	18	20	22	25	28	32
最佳钻孔直径/mm	14	16	18	20	22	25	28	32	35	40

6.4 临时导流工程

6.4.1 临时性导流工程施工方案应充分掌握沟道基本资料,详细调查访问同期沟道水文特征,在全面分析各种因素的基础上,制定技术可行、经济合理并能使工程尽早发挥效益的导流方案。

6.4.2 导流方案应妥善解决从初期导流到后期导流施工全过程中的挡水、泄水、蓄水问题。对各期导流特点和相互关系应进行系统分析,全面规划,统筹安排,最大限度消除导流与施工的矛盾。

6.4.3 导流工程应根据防治工程的特点,可选择明渠导流、隧洞导流、涵管导流、导流堤导流以及施工过程中的坝体底孔导流、缺口导流或者不同泄水建筑物的组合导流。导流工程的规模应与调查访问的同期最大流量相匹配。

6.4.4 汛期施工的导流方案应充分考虑泥石流的危害性,采取合理的施工步骤和必要的防护措施,最大程度降低可能发生的泥石流危害。

6.4.5 导流堤应就地取材,宜采用堆土面板坝、钢筋石笼或沙袋,土体压实度不小于0.94,高度根据洪水位设计,顶面宽度、迎水面和背水面纵坡应满足堤体稳定性的要求。

6.5 变形缝施工

6.5.1 当坝、堤、墙等构筑物长度小于 20 m 时,沉降缝宜兼作伸缩缝,按沉降缝施工要求施作。

6.5.2 伸缩缝宜做成平缝形式,也可以做成错口缝、企口缝等形式。

6.5.3 沉降缝边应平直,砌筑面无凹凸不平现象。沉降缝部位的基础与上部构造应贯通成平面,砌体结构应用砂浆抹面找平,混凝土结构应按《混凝土结构工程施工规范》(GB 50666)的相关要求施作。缝间充填材料应按设计要求,具有相应的耐腐、防火性能。

6.5.4 变形缝设置在结构两侧和顶面,缝面密封材料填塞宽度不宜小于20 cm,填充应连续、密实、饱满、无气泡、无开裂、黏结牢固。

6.6 耐磨层施工

6.6.1 采购设计确定的耐磨材料,应及时送检,检验合格后方可进料。

6.6.2 耐磨混凝土中耐磨料添加量应严格按设计要求执行。制拌时,耐磨料应分时间段分批次进行投料,保证耐磨料在拌合料中分散均匀。

6.6.3 耐磨层铺筑前,应对基层混凝土或砌体表面凿毛、冲洗干净,并洒水润湿。耐磨层应一次性铺筑到位。

7 排导和防护工程

7.1 一般规定

7.1.1 排导和防护类工程主要包括各型排导槽与防护堤工程。应按施工放线、导流施工、基槽开挖、槽(堤)浇(砌)筑、土方回填、场地清理的施工顺序进行,如遇软弱地基土,则应按设计要求先进行地基处理工程施工。

7.1.2 基槽开挖应按设计要求分段、分台阶开挖,当采用机械开挖基槽土方时,应按设计深度预留300 mm保护层,采用人工捡底至设计标高。

7.1.3 开挖过程中应详细记录土石比及分段开挖量,开挖弃土不应堆放于沟道内。

7.1.4 基槽开挖至设计标高后应及时验槽,宜采用钎探、触探等方法进一步验证地基条件是否满足设计要求,开挖过程中的各种情况应及时详细记录。

7.1.5 验槽合格后应及时施作垫层。

7.1.6 按设计要求并结合实际地质条件确定排导槽或防护堤的沉降缝施工位置,沉降缝施工时面层应清理干净并找平,缝隙应顺直,应严格按设计要求选用合格材料并按规定工序施作。

7.1.7 排导槽或防护堤在支模和砌(浇)筑过程中,应对开挖边坡进行变形监测,施工人员不宜在边坡与砌体间的狭窄空间内施作。

7.1.8 基槽回填时,在过流侧应选用坚硬的大块石回填并压实,以提高排导和防护类工程基础的抗冲蚀能力。

7.2 堤(槽)工程

7.2.1 按设计线型放线、施工,堤(槽)线型宜顺直,弯道处应平滑过渡,弯道超高段宜渐变过渡,与主体同时施工。

7.2.2 长度超过20 m的堤(槽)工程,应分段开挖基槽及临时边坡,并及时进行砌(浇)筑,分段长度不宜大于15 m。

7.2.3 泄水孔施工时应清除堤背面泄水孔周围的杂物,在泄水孔与土体间铺设长宽各为300 mm、厚200 mm的卵石或碎石作滤水层。

7.2.4 堤背填土需分层填筑并夯实,分层厚度30 cm~50 cm,其压实度应满足设计要求。

7.2.5 排导槽出口段若设计有防掏蚀齿墙,其基槽回填料应选用坚硬的大块石。

7.3 铺底工程

7.3.1 铺底施工前应将基底表面的杂物、浮土、淤泥等清除,按设计要求分段、分块铺筑,低洼处应采用与垫层相同材料回填、碾压。

7.3.2 铺筑前应做好沟槽导流措施。

7.3.3 当铺底纵坡较大时,或铺底呈"V""U"槽型时,混凝土坍落度不宜大于 40 mm。

7.3.4 各段铺底混凝土之间接缝应按伸缩缝施工要求施作。其接缝处基底宜先顺缝方向开挖反滤槽,槽宽不小于 0.2 m,深度不小于 0.1 m,槽内回填细石料并压实。

7.3.5 陡坡槽底施工时,应采取有效的支护措施。

7.3.6 施工铺底表层设置的凸石、凸墩等降糙构造物时,凸石选料材质、规格应满足设计要求,其表面应洗刷干净,嵌入铺底层的深度不应小于其外露高度;凸墩施作前应凿毛铺底表面,并清洗干净后方可支模浇筑凸墩。

7.3.7 防冲肋坎的基槽回填土料应选用坚硬块石含量不小于 70 %的块石土,并分层压实,压实度应满足设计要求。肋坎两端应与边堤基础连体砌筑。

8 拦挡工程

8.1 一般规定

8.1.1 拦挡工程主要为各型拦砂坝和实体谷坊坝。应按施工放线、导流施工、坝基开挖、坝基础浇筑、坝肩边坡防护与开挖、坝体分段浇(砌)筑、坝下侧(翼)墙基础开挖与墙体砌筑、护坦铺筑、场地清理的施工顺序进行。如遇软弱地基土,则应按设计要求先进行地基处理工程施工。

8.1.2 在坝体施工过程中,应对施工区沟岸岸坡进行临时防护或变形监测,避免发生滑坡、崩塌等地质灾害。

8.1.3 基槽(坑)、边坡开挖后,应及时封闭。

8.1.4 沟道内有多级坝时,宜先施工泥石流沟上游坝,条件允许时可多个坝体同时施工。

8.1.5 坝体位置应符合设计要求,其轴线位置误差不应大于±0.5 m。

8.1.6 坝体各部结构尺寸和坡面斜率应符合设计要求,其中实体结构尺寸与设计尺寸不得出现负误差,坡面斜率允许误差不应大于±3 %,泄水孔结构误差小于±0.05 m。

8.1.7 混凝土实体坝应按设计要求分段,每段应连续浇筑成型,各段间变形缝施工按本规范第 6.5 条要求执行。梳齿坝、格栅坝、桩林坝等非实体坝的坝基以上构筑物应一次性连续浇筑成型。

8.1.8 坝体混凝土配比、制拌、浇筑与养护应按《大体积混凝土施工规范》(GB 50496)要求执行。

8.1.9 拦挡工程若在汛期施工,为防止突发泥石流灾害,应在沟道两侧修筑施工人员的安全撤离通道。

8.2 坝基、坝肩开挖施工

8.2.1 坝基开挖过程中,宜在基槽底部不影响施工作业的地点设置集水坑汇集基槽内的渗水,采用水泵抽排水,保持基底干燥。

8.2.2 坝基开挖至设计标高后,应及时组织参建单位相关人员验槽,宜采用荷载试验与动力触探或声波、地震物探方法验证地基承载力,满足要求后,应尽快进行基础施工。

8.2.3 地基土与勘察资料不相符或地基承载力不满足设计要求时,应及时反馈给勘察单位、设计单位现场查验,待设计确认或设计变更后方可继续施工,期间施工单位应对现场采取保护措施。

8.2.4 岩质坝基开挖应进行坝基岩体结构面检查,并进行详细的施工地质记录。

8.2.5 坝肩开挖三面边坡按照设计或按表 1 建议坡率放坡;条件不允许时应进行临时支挡。

8.3 坝体施工

8.3.1 坝基应严格按设计要求施作沉降缝,坝体应按变形缝设置进行分段施工。

8.3.2 浆砌石坝体施工应满足《砌体结构工程施工规范》(GB 50924)要求。每砌筑1.5 m高,应对砌筑坝体迎水面和背水面的坡率及坝体厚度进行复核测量。

8.3.3 混凝土坝安装模板时,应进行测量放线,确保模板准确定位。模板应采取抗侧移、抗浮托和抗倾覆的稳固措施。

8.3.4 当坝高超过5 m时,宜分层架设模板。泄水孔、梳齿等内模宜在坝外制作固定成型后吊装到坝体模板体系中拼接固定。

8.3.5 混凝土宜选用中、低水化热水泥,配合比的确定除应符合工程设计所规定的强度等级、耐久性、抗渗性、体积稳定性等要求外,同时还应符合现场大体积混凝土施工工艺特性的要求。

8.3.6 坝体宜采用整体分层连续浇筑或推移式连续浇筑混凝土,分层厚度不宜大于500 mm。应缩短混凝土浇筑间歇时间,并在前层混凝土初凝之前将次层混凝土浇筑完毕。混凝土应采用二次振捣工艺,不得漏振、欠振、过振,混凝土浇筑面应及时进行二次抹压处理。

8.3.7 坝体混凝土宜采用塑料薄膜覆盖或养护剂涂层方式进行保温保湿养护。在每次混凝土浇筑完毕后,除应按普通混凝土进行常规养护外,尚应按温控技术措施的要求进行保温养护。保温养护的持续时间不得少于14 d,应经常检查塑料薄膜或养护剂涂层的完整情况,保持混凝土表面湿润。当混凝土的表面温度与环境最大温差小于20 ℃时,方可全部拆除保温覆盖层。

8.3.8 梳齿坝坝齿浇筑施工前,应对其与坝体接触面处混凝土进行凿毛处理。各梳齿墩应一次性连续浇筑成型。

8.3.9 格栅坝的格栅采用型钢、钢轨等金属材质时,应对其强度、损伤及锈蚀等进行检验,单根格栅应使用一次性连铸成型的钢材,严禁使用焊接、铆接等连接性钢材。

8.3.10 护坦施工前应对护坦基底进行夯实整平,基底开挖清理后应及时施工。护坦前端垂裙基槽应选用抗冲刷的坚硬块石回填,护坦上或副坝内铺石的石料质地、块径、排布密度等应满足设计要求。

9 固源工程

9.1 固床工程

9.1.1 应按施工放线、导流施工、基槽开挖、坝体浇(砌)筑、回填压实、场地清理的施工顺序进行。

9.1.2 潜坝(坎)体位置按照设计要求放线后,应复核各级潜坝坝顶高程,保证下游坝体拦挡回淤压脚上游坝基。

9.1.3 潜坝(坎)基槽开挖必须按设计的开挖坡比进行放坡,或采用表1确定边坡坡率。对不稳定边坡应采取有效的临时支护措施。

9.1.4 潜坝坝肩或潜坎的端头必须按设计要求嵌入两岸足够深度,以确保坝体稳定性。

9.1.5 潜坝(坎)下游侧基槽回填应选用大块石或低标号混凝土回填。

9.2 挡渣工程

9.2.1 应按施工放线、基槽开挖、墙体浇(砌)筑、反滤层及泄水孔设置、回填压实、场地清理的施工顺序进行。

9.2.2 挡渣工程的基础埋置深度和地基条件应满足设计要求。若挡渣工程基础可能遭受泥石流或洪水冲刷、掏蚀，则应按本规范第7.1.8条加强基础防护。

9.2.3 挡渣墙泄水孔位置应用粗砂、碎石或砂砾等设置反滤层。

9.2.4 挡渣墙采用混凝土结构时，应符合《混凝土结构工程施工规范》(GB 50666)的要求。

9.2.5 挡渣墙采用钢筋块(片)石护坡砌体结构时，应符合以下要求：
  a) 基底应整平，基底宽度不宜小于设计宽度的1.1倍。
  b) 钢筋骨架应采用焊接连接，焊接按《钢筋焊接及验收规程》(JGJ 18)执行。
  c) 钢筋骨架宜采用起重设备吊装，吊装过程中，钢筋骨架不应产生明显的形变，骨架之间连接可靠，骨架安装到位后进行检查校正，几何尺寸满足设计要求。
  d) 砌体所使用的石料应遵循一般砌体对块(片)石要求的原则。
  e) 砌体顶面应用适宜的块(片)石找平，骨架盖网保持平整并牢固焊接于骨架架体上。
  f) 对需进行喷射混凝土封闭的砌体面，应采用人工方式在砌体间存在相对较大的空穴里填筑小石块后再行实施混凝土喷射施工，喷射混凝土强度等级及施工方法按《岩土锚杆与喷射混凝土支护工程技术规范》(GB 50086)执行。
  g) 两层及两层以上钢筋块(片)石砌体施工时，横向、纵向交错逐层施工，交错施工按条石砌体方式进行，纵、横相连，形成整体。

9.2.6 挡渣墙采用格宾石笼结构时，应符合以下要求：
  a) 格宾尺寸、网丝、边丝、绑丝的材质和直径，必须符合设计图纸要求。
  b) 格宾网钢丝表面处理、PVC包塑处理必须经试验检测，各项指标满足设计要求后方可投入使用。
  c) 格宾挡墙采用分段施工，具体施工段划分应根据现场情况进行确定。
  d) 设格宾前，地基应提前整平夯实，保证牢固稳定。
  e) 检查格宾箱笼的外观有无缺损或人为破坏，箱体尺寸、网孔直径与线径、边线、框线线径应满足设计要求，并准备好安装工具。
  f) 绑扎间隔网与人工掀开格宾网大约成90°，绑扎间隔网成箱形；绑扎线采用同材质钢丝，双股以上绑扎并绞紧；间隔网先上下四处固定并绑扎绞紧。
  g) 核定铺设位置后，依设计图示安放格宾箱笼。在垂直方向，绑扎所有相邻格宾框线；在整体性水平方向，绑扎所有相邻格宾框线；第二层铺设后(上方层)，须将相邻处一并绑扎，以求整体连结。
  h) 相邻网身平均每平方米绑扎4处。每层整体格宾连结后，才可投入填充石料。
  i) 格宾箱笼施工时，横层与纵层交错，逐层施工，层层绑扎连接，全墙成整体。
  j) 填装石块用脚手架固定格宾钢丝网，以免其变形。采用机械或人工进行填装，填充石料不得一次填满一格，以保证格宾形状完整。每组格宾空格须同时均匀投料，以保证格宾方正。
  k) 外部裸露部位须以人工砌垒，整齐填塞密实，以求美观，并根据实际需要设置适量拉筋。
  l) 石料按设计要求进行验收，严禁使用锈石、风化石、垃圾石，石料粒径不得大于网孔直径的2倍。

10 停淤工程

10.1 停淤场工程

10.1.1 应按施工放线、基槽开挖、堤身浇(砌)筑、泄水坝浇筑、回填压实、排水沟施工、场地清理的施工顺序进行。

10.1.2 若施工前发现停淤场内地形、地物及沟槽条件与设计文件有明显差异,应及时报告监理单位及设计单位,由设计单位确认或变更设计。

10.1.3 泄水坝施工应按本规范第8条相关规定执行.

10.1.4 停淤场圩堤施工应按本规范第6条和第7条相关规定执行。

10.1.5 应根据实际地形条件,现场复核泥石流在停淤场内的行进路线,停淤场内散流构筑物的纵轴线应与其行进路线平行。散流构筑物施工根据其结构形式不同,应满足相应技术标准与本规范第9.2条的相应规定。

10.2 清淤施工

10.2.1 清淤工程不应安排在暴雨季节施工,宜在汛期前完成。

10.2.2 清淤工程应遵循临坝段浅清、远坝段多清原则,以保证坝体及圩堤的稳定。

10.2.3 对清淤范围应进行清淤前及完工后方格网测量或三维摄影测量。

10.2.4 清淤施工道路纵坡应满足载重行车要求,坡道纵坡不宜大于14%,横坡应稳定,并预留车辆错车的通道,错车道有效长度不宜小于2倍最大行车车辆长度,宽度不宜小于6.0 m。

10.2.5 在邻近主体工程区域清淤,应采用人工与机械相结合的方式,避免损毁主体工程。

10.2.6 清淤弃土应运至指定弃土场,弃土场应根据实际情况设置挡渣工程,避免成为泥石流人为固体物源。

11 施工监测

11.1 一般规定

11.1.1 泥石流治理工程区及生活区若存在威胁施工人员与机具安全的地质灾害隐患,应编制地质灾害专项监测方案和防灾预案,及时开展施工安全监测预警。

11.1.2 施工期地质灾害监测应与常规地质灾害监测预警相结合。施工单位应明确并让所有施工人员知晓预警信号,宜开展应急疏散演练。

11.1.3 对稳定性差、危害大的地质灾害隐患宜采用人工巡视与专业监测相结合的监测预警方式。

11.1.4 监测点布设位置和监测内容的选择应有代表性和针对性。

11.1.5 在崩塌、滑坡、地面塌陷等危险区内施工作业时,应进行实时监测预警。降雨期和冰雪消融期施工应对山洪、泥石流灾害进行实时监测预警。非施工时段可按一定频次开展监测工作。

11.1.6 泥石流治理工程完工后应进行防治效果监测,监测周期至少一个水文年。

11.2 监测内容

11.2.1 山洪及泥石流监测内容应包括沟域内不同高程段的降雨量、冰雪覆盖区的气温以及不同沟道段的水位与流量、物源变化等。

11.2.2 降雨监测点应按设计要求布设在泥石流沟域内有代表性的地段,定时巡视雨量计工作状态,保持其正常运行。

11.2.3 雨量及气温监测宜采用在线自动计量设备,物源变化以人工巡视监测为主,辅以必要的仪器监测。

11.2.4 对于存在冰湖、堰塞体等特殊条件的泥石流沟,宜采用泥石流传感器、超声泥位计、泥位高度检知线等专业监测仪器,监测相应内容。

11.2.5 施工区内崩塌、滑坡、地面塌陷等灾害监测的主要内容应包括变形区的地面变形、降雨量和人工活动影响等。监测方法、监测频率和其他监测要求参照相关技术标准执行。

11.3 临灾预警与应急处置

11.3.1 根据施工布局应在适当地段设置安全避险场所,场所总面积应能容纳所有施工人员。

11.3.2 应在施工全域设置应急疏散通道,疏散通道应有明显的标识,通道应随时保持畅通。

11.3.3 当沟域内出现明显降雨,且沟道水位持续上涨时,监测人员应发出预警信号;当有山洪、泥石流发生征兆时,应发出警报,所有施工人员应立即按疏散路线撤离到安全避险场所。

11.3.4 当监测发现有崩塌、滑坡、地面塌陷等地表变形持续加剧或稳定性变差等情况时,监测人员应迅速发出预警信号;当有临灾征兆时,应立即发出警报,危险区内所有施工人员应立即按疏散路线撤离到安全避险场所。

12 施工安全与环境保护

12.1 施工安全

12.1.1 工程项目开工前,施工单位应建立施工安全管理机构和施工安全保障体系,并配备专职施工安全管理人员。

12.1.2 工程项目开工前,施工单位应编制专项安全施工方案,并报送监理单位审批和备存。

12.1.3 施工单位应对施工场地和施工工艺进行施工安全危险源辨识,并建立有效的危险源管控机制。

12.1.4 工程施工过程中,监理工程师应对施工安全措施的执行情况进行经常性的检查,并加强对安全事故易发施工区域、作业环境和施工环节的施工安全进行检查和监督。

12.2 环境保护

12.2.1 在工程项目开工前,施工单位应编制施工环境管理和保护措施方案,并报送监理单位批准后严格实施。

12.2.2 施工单位应采取措施保护施工区之外的植物、生物和建筑物并使其维持原状。施工区之内的场地环境,应采取有效保护措施,将施工对环境的破坏降到最低程度。

12.2.3 施工单位应将工程施工弃渣、废渣、废料以及生产和生活垃圾运至指定地点,并按相关要求进行处理。

12.2.4 工程完工后,施工单位应拆除不需要保留的临时设施,清理场地,恢复植被。

13 工程质量检查与验收

13.1 一般规定

13.1.1 施工单位应在每道工序完成后进行相应的自检和验收,监理工程师应参加验收,并做好隐蔽工程记录。验收不合格,不允许进入下道施工工序。重要的中间工程和隐蔽工程验收应由建设单位代表、监理工程师和设计单位代表共同参加。

13.1.2 治理工程质量检验评分,以分项工程为单元,采用100分制评分方法进行评分(附录A)。在分项工程评分的基础上,逐级计算各相应分部工程、单位工程评分值和工程项目的工程优良率。

13.1.3 施工单位应对各分项工程按本规范所列基本要求、实测项目、外观鉴定和质量保证资料进行自检,提交真实、完整的自检资料(包括可视化影像等资料),对工程质量进行自我评分。监理工程师可按规定要求,对工程质量进行检查,对施工单位自检资料进行签认和评分(附录B)。

13.1.4 泥石流防治工程质量按下列规定分为合格、不合格两个等级。

a) 合格应同时满足以下要求:
　　1) 保证项目应符合本规范有关条款的规定;
　　2) 允许偏差项目抽查的点数中70%以上的实测值应在本规范有关条款的允许偏差范围内;
　　3) 竣工档案资料基本齐全。

b) 满足以下任何一条应评定为不合格:
　　1) 保证项目不符合本规范有关条款的规定;
　　2) 允许偏差项目抽查的点数中30%以上的实测值不在本规范有关条款的允许偏差范围内;
　　3) 竣工档案资料不齐全、不准确。

13.1.5 不合格的工程经返工达到要求后,可评定为合格。未达到要求的,不能通过验收。

13.2 工程质量检查与评定

13.2.1 治理工程质量自检评分。

a) 基本要求:
　　1) 工程地基、基础应符合设计要求。
　　2) 工程所用原材料的质量、规格和砂浆及混凝土配合比、砂浆及混凝土强度等应符合设计要求。砌石应分层错缝,砌缝内砂浆均匀饱满,勾缝密实。混凝土需连续浇筑、振捣密实。
　　3) 钢筋配置数量及长度符合设计要求。钢筋制作与安装按本规范第13.2.4条检查评定。
　　4) 回填土、变形缝与泄水孔应符合设计要求。

b) 实测项目:
实测项目见表3。

表3 排导工程实测项目表

序号	实测项目	规定值或允许偏差(绝对值)	实测方法和频率	规定分/分
1	平面位置/mm	±50	用全站仪测,每长20 m测3点,且不少于3点	10
2	长度/mm	−500	用尺量,全部	15
3	断面尺寸/mm	±30	用尺量,每长10 m量1点,且不少于3点	25
4	沟底纵坡度/%	±0.5	用全站仪测,每长10 m测1点,且不少于3点	10
5	沟底高程/mm	±50	用全站仪测,每长10 m测1点,且不少于3点	5
6	铺砌厚度/mm	不小于设计	用尺量,每长10 m量1点,且不少于3点	20
7	表面平整度/mm	±20	用尺量,每长20 m量3点,且不少于3点	15

c) 外观鉴定：
   1) 工程线条及沟底应平顺，排泄通畅。不符合要求的扣1~2分。
   2) 砌体坚实牢固，勾缝平顺，无脱落现象。不符合要求的扣1~3分。
   3) 混凝土表面的蜂窝麻面不得超过该面积的0.5%，深度不超过10 mm。不符合要求的，每超过0.5%扣2分。
   4) 泄水孔坡度向外，无堵塞现象。不符合要求的扣3~5分。
   5) 变形缝符合设计要求，整齐垂直，上下贯通。不符合要求的扣3~5分。

13.2.2 拦挡工程质量检查与评定。
   a) 基本要求：
      1) 工程位置、高程和结构应符合设计要求，构筑坚实。
      2) 工程地基必须满足设计要求，严禁超挖回填虚土。
      3) 原材料规格、质量等应符合设计要求。
      4) 砂浆、混凝土的配合比和强度应符合设计要求。
      5) 浆砌砌筑时砌石应分层错缝，坐浆砌筑，嵌填饱满密实，不得有空洞。
      6) 混凝土必须连续浇筑、振捣密实。
      7) 土质坝所用材料应符合设计要求，并分层夯实，密实度应达到设计要求。
      8) 钢筋配置数量及长度应符合设计要求，钢筋制作与安装按本规范第13.2.4条检查评定。
      9) 填料应符合设计要求。
      10) 沉降缝和泄水孔数量、位置、质量应符合设计要求。
   b) 实测项目：
      实测项目见表4、表5。
   c) 外观鉴定：
      1) 砌体坚实牢固，外观平顺，无脱落现象。不符合要求的扣1~3分。
      2) 混凝土表面的蜂窝麻面不得超过该面积的0.5%，深度不超过10 mm。不符合要求的，每超过0.5%扣2分。
      3) 泄水孔坡度向外，无堵塞现象。不符合要求的扣3~5分。
      4) 变形缝符合设计要求，整齐垂直，上下贯通。不符合要求的扣3~5分。

表4 砌石与混凝土拦挡工程实测项目表

序号	实测项目		规定值或允许偏差(绝对值)	实测方法和频率	规定分/分
1	平面位置/mm		±50	用全站仪测，每长20 m测3处，且不少于3处	15
2	顶面高程/mm		±20	用水准仪测，每长20 m测3处，且不少于3处	15
3	底面(基面)高程/mm		±50	用水准仪测，每长20 m测3处，且不少于3处	15
4	断面尺寸/mm		不小于设计	用尺量，每长20 m量3处，且不少于3处	30
5	墙面坡度/%		0.5	用坡度尺或吊垂线量，每长20 m量3处，且不少于3处	10
6	表面平整度/mm	浆砌石	30	用直尺量，每长20m量3处，且不少于3处	15
		混凝土	20		

表 5 土质拦石坝实测项目表

序号	实测项目	规定值或允许偏差(绝对值)	实测方法和频率	规定分/分
1	平面位置/mm	±200	用全站仪测,每长 20 m 测 3 处,且不少于 3 处	20
2	长度、高度/mm	符合设计要求	用尺量,每长 10 m 量 1 组,且不少于 3 组	25
3	顶宽、底宽/mm	±10%设计尺寸	用尺量,每长 10 m 量 1 组,且不少于 3 组	25
4	坡度/%	不大于设计	用尺量,每长 10 m 量 1 组,且不少于 3 组	30

13.2.3 固源工程质量检查与评定。

13.2.3.1 潜坝(坎)工程评定参照拦挡工程进行。

13.2.3.2 拦渣工程:

a) 砌体及混凝土工程评定参照防护和排导工程进行。

b) 钢筋块(片)石砌体及格宾石笼拦渣工程检查与评定如下。

　　1) 基本要求:钢筋块(片)石砌体及格宾石笼基底的处理必须符合设计要求,基面平整,石笼不得架空;编笼材料的质量、规格及其防腐(锈)蚀性能等应符合设计要求;石料的规格、品种、质量等应符合设计要求。石料应不易风化并装填饱满密实;钢筋块(片)石砌体及格宾石笼的坐码或平铺应符合设计要求,搭叠衔接稳固。

　　2) 实测项目见表 6。

　　3) 外观鉴定:表面整齐,线条平顺。不符合要求的扣 1～2 分。

表 6 石笼护坡实测项目表

序号	实测项目	规定值或允许偏差(绝对值)	实测方法和频率	规定分/分
1	长度/mm	－200	用尺量,实量	20
2	宽(厚)度/mm	－100	用尺量,每长 20 m 量 3 处(上、中、下各 3 点),且不少于 3 处	20
3	高度/mm	不小于设计要求	用水准仪测或尺量,每长 20 m 量 3 处,且不少于 3 处	20
4	坡度/%	±10%设计坡度	用尺量,每长 20 m 量 3 处,且不少于 3 处	20
5	底面高程/m	不高于设计要求	用水准仪测,每长 20 m 测 3 点,且不少于 3 点	20

13.2.4 钢筋加工与安装

13.2.4.1 基本要求:

a) 钢筋与焊条品种、规格和技术性能应符合国家现行标准规定和设计要求。

b) 冷拉钢筋的机械性能必须符合规范要求,钢筋平直,表面不应有裂皮和油污。

c) 受力钢筋同一截面的接头数量、搭接长度、焊接接头和机械接头质量应符合规范要求。

d) 加工好的钢筋构件安装前不得有任何变形、锈蚀。

13.2.4.2 实测项目见表7、表8。

表7 钢筋加工与安装实测项目表

序号	实测项目			规定值或允许偏差(绝对值)	实测方法和频率	规定分/分
1	受力钢筋间距/mm	两排以上排距		±5	用尺量,每构件检查2个断面	30
		同排	梁板、拱肋	±10		
			基础、锚碇、墩台、柱	±20		
		灌注桩		±20		
2	箍筋、横向水平钢筋、螺旋筋间距/mm			+0,−20	每构件检查5～10个间距	15(25)
3	钢筋骨架尺寸/mm	长		±10	按骨架总数30%抽查	20(25)
		宽、高或直径		±5		
4	弯起钢筋位置/mm			±20	每骨架抽查30%	20(0)
5	保护层厚度/mm	桩、柱、梁、拱肋		±5	每构件沿模板周边检查8处	15(20)
		基础、锚碇、墩台		±10		
		板		±3		

注:不设弯起钢筋时,可按括号内规定分评定。

表8 钢筋网实测项目表

序号	实测项目	规定值或允许偏差	实测方法和频率	规定分/分
1	网的长度、宽度/mm	±10	用尺量	35
2	网眼尺寸/mm	±10	用尺量,抽查3个网眼	35
3	对角线差/mm	±10	用尺量,抽查3个网眼对角线	30

13.2.4.3 外观鉴定:
a) 钢筋表面无铁锈及焊渣。不符合要求的扣3～5分;
b) 多层钢筋网要有足够的钢筋支撑,保证骨架的施工刚度。不符合要求的扣1～3分。

13.3 工程验收

13.3.1 泥石流防治工程完工后,施工单位应对工程质量进行自检和评定。经监理单位确认自检合格后,应将有关资料提交给建设单位,并提交验收申请报告。由建设单位组织勘察单位、设计单位代表和监理工程师进行工程初步验收,对工程各项内容和指标进行检查和质量评定,并提出工程整改和资料完善意见。

13.3.2 泥石流治理工程初步验收时,应具备下列资料:
a) 泥石流防治工程勘察报告、泥石流防治工程施工图、图纸会审纪要(记录)、泥石流防治工程施工勘察报告、设计变更单及材料代用通知单等。
b) 经审定的施工组织总设计、分部分项工程施工组织设计、施工方案及执行中的变更情况。
c) 防治工程测量放线图及其签证单。
d) 原材料(钢筋、水泥、砂、石料、外加剂及焊条)出厂合格证及复检报告。

e) 焊件试验报告。

f) 地基承载力试验报告。

g) 砂浆、混凝土配合比通知单,砂浆、混凝土试块强度试验报告。

h) 基坑、基槽验槽报告。

i) 各隐蔽工程检查验收记录。

j) 各种施工记录表格。

k) 各分部分项工程质量检查报告。

l) 竣工图(含工程平面布置图和相关剖面图)及竣工报告(附录C)。

m) 施工期监测报告。

n) 监理报告。

13.3.3 工程初步验收后,施工单位应尽快按照验收意见进行工程整改和资料完善。

13.3.4 建设单位应组织开展不少于一个水文年的工程运行效果监测,监测工作应符合设计要求。

13.3.5 最终验收应在工程初步验收一个水文年后进行,重点对初步验收提出的整改意见落实情况和工程运行效果进行检查。最终验收时,除初步验收时提供的资料外,有关单位还应提供以下资料:

a) 工程运行效果监测报告(监测周期不少于一个水文年或经历了一个雨季)。

b) 施工单位整改报告。

c) 勘察单位、设计单位提交的勘察、设计总结报告。

d) 工程决算书。

附 录 A
（资料性附录）
分项工程质量检验通用表

分项工程名称：　　　　　　　　　　　　所属分部工程：
所属建设项目：　　　　　　　　　　　　工程部位：
施工单位：　　　　　　　　　　　　　　监理单位：
检验负责人：　　　　检测：　　　　记录：　　　　复核：

年　月　日

基本要求																

	项次	检查项目	规定值或允许偏差	实测值或实测偏差										质量评定			
				1	2	3	4	5	6	7	8	9	10	平均代表值	合格率/%	规定分	实得分
实测项目	1																
	2																
	3																
	4																
	5																
	合计																

质量保证资料	检查项目	扣分	监理意见
	累计扣分		
外观鉴定	检查项目	扣分	
	累计扣分		
工程质量等级		实得分	

附 录 B
（资料性附录）
工程质量保证资料检查评定表

分项工程：　　　　　　　所属分部工程：　　　　　　　所属单位工程：
所属工程项目：　　　　　施工单位：　　　　　　　　　监理单位：

序号	检查内容	检查重点	检查情况	实扣分
1	主体结构技术质量试验资料	（1）砂浆或混凝土强度； （2）地基承载力检测报告； （3）工程质量检测报告； （4）工程质量要求齐全、正确、达标		
2	原材料试验、各种预制件质量资料合格证明	（1）水泥、钢材、砂、石、砖、水等原材料试验资料； （2）各种预制件合格证书及试验资料要求齐全、正确、达标		
3	隐蔽工程验收单（含地质编录）	资料齐全，手续完备		
4	工程质量评定单	分项、分部、单位工程质量评定资料齐全，填写正确、真实，手续齐备		
5	重大质量事故处理	报告及时，并按规定认真处理，技术处理资料完备		
6	施工组织设计技术交底	有质量目标设计，施工组织设计符合要求，审批手续齐全，技术交底单齐全，手续完备		
7	洽商记录	洽商记录齐全，有编号，手续完备		
8	竣工图	竣工图清晰完整，变更与洽商相符		
9	测量复核记录	控制点、基准线、水准点的复测记录，齐全、准确		
10	合计扣分			

一、扣分原则：
　（1）第1项必须合格。按质量检验评定标准要求的检验内容和频率，漏检点数每达到全部应检点数的1%，扣3分；达到全部应检点数的2%扣6分，依此累加。
　（2）第2～3项，每缺一项或一项不合格，视严重程度扣0.5～2分。
　（3）第4～9项，根据存在问题的严重程度，每项扣0.5～1分。
二、评定：
　（1）实扣分总和超过6分，资料分定为不合格。
　（2）凡发现质量保证资料有弄虚作假、编造数据者，资料分定为不合格。

施工单位自评意见	
	负责人：　　　　　　　评定人：　　　　　　　年　月　日
监理单位认定意见	
	监理工程师：　　　　　　　　　　　　　　　年　月　日

T/CAGHP 061—2019

附 录 C
（资料性附录）
竣工报告编写大纲

一、前言
二、工程概况
三、施工技术和施工组织
四、施工依据及执行规程、规范
五、施工技术措施
六、施工管理与质量保证措施
七、工程质量评述
八、文明施工与安全生产
九、竣工工程量
十、工程进度情况评述
十一、工程资金拨付情况
十二、结论及运行建议